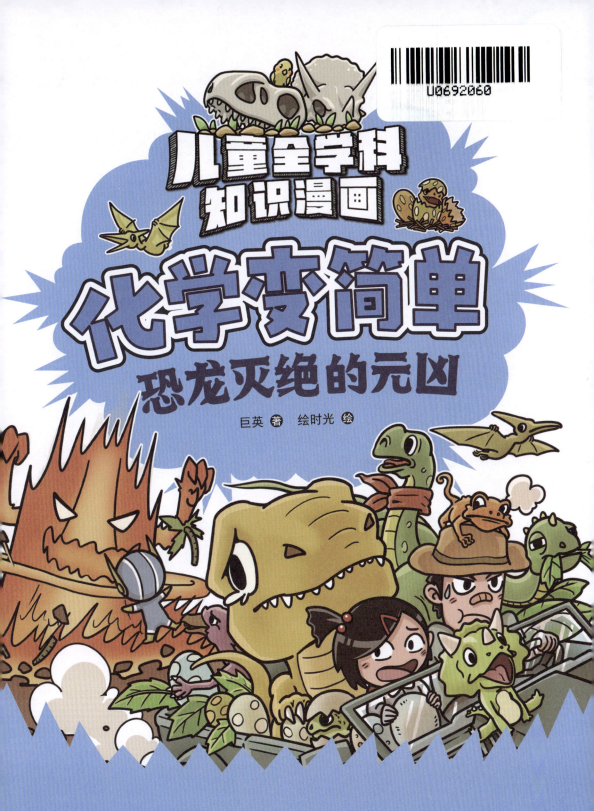

图书在版编目（CIP）数据

化学变简单. 恐龙灭绝的元凶 / 巨英著；绘时光绘.
杭州：浙江文艺出版社，2024. 9. -- ISBN 978-7-5339-
7661-3

Ⅰ. 06-49

中国国家版本馆 CIP 数据核字第 2024H82N04 号

策划统筹	岳海菁　何晓博	特约策划	梁　策
责任编辑	童潇骁	特约编辑	张凤桐
责任校对	陈　玲	漫画主笔	李集涛
责任印制	吴春娟	发行支持	邓　菲
装帧设计	果　子	特约美编	姿　兰
营销编辑	周　鑫　宋佳音		

化学变简单　恐龙灭绝的元凶

巨英 著　绘时光 绘

出版发行	浙江文艺出版社
地　　址	杭州市环城北路 177 号
邮　　编	310003
电　　话	0571-85176953（总编办）
	0571-85152727（市场部）
制　　版	沈阳绘时光文化传媒有限公司
印　　刷	浙江新华印刷技术有限公司
开　　本	710毫米×1000毫米　1/16
印　　张	6.25
版　　次	2024年9月第1版
印　　次	2024年9月第1次印刷
书　　号	ISBN 978-7-5339-7661-3
定　　价	29.80元

版权所有　侵权必究

人物介绍

奥特

- **性别**：男
- **年龄**：10 岁
- **故乡**：门捷列夫星球
- **特长**：学富五车，无所不知，但却对地球上的生活常识一窍不通
- **性格**：活泼，自信，好为人师，看见好吃的就会忘记全世界

他的故事：奥特来自门捷列夫星球，那里的科技非常先进，门捷列夫星球人也和地球人略有不同，他们的身体里置有芯片，头上戴着天线，上知天文下知地理，无所不通。奥特在星际旅行中迷了路，偶然来到了地球，误入叮叮当当的家中，和他们成为好朋友，并长期居住下来。他们之间发生了很多搞笑的事情。

叮叮

- **性别**：男
- **身份**：当当的哥哥
- **年龄**：12 岁
- **性格**：捣蛋鬼，乐天派，不懂装懂大王

他的故事：叮叮学习一般，懂的有限，但却总喜欢在人前假装知识渊博，因此经常弄巧成拙，不能自圆其说，或者被妹妹揭穿。但他脸皮厚，善于自我解嘲。虽然经常捉弄妹妹，但实际上却很爱她，当妹妹有危险时，会第一时间冲到她身边保护她。叮叮掌握了拿捏奥特的方法，那就是美食诱惑。

当当

- **性别**：女
- **身份**：叮叮的妹妹
- **年龄**：10 岁
- **性格**：疯丫头，小问号，小炮仗，糊涂蛋

她的故事：当当经常因为疯玩引来很多麻烦事。由于对什么都好奇，所以她会不断地提问，在探寻知识的过程中，又因为糊涂和冒失的性格总是把事情搞得一发不可收拾。但却具有锲而不舍的精神，会想方设法了解事物的真相。她总是和哥哥叮叮对着干，但又会因为比较糊涂，而忘记了正在吵架，最后不了了之。

老爸

- **年龄**：37 岁
- **职业**：程序员
- **性格**：任劳任怨的"老黄牛"，虽然看起来木讷老实，实际是全家的主心骨，关键时候特别理性和冷静

他的故事：老爸在公司兢兢业业，在家里任劳任怨，大部分时候默不作声，对待孩子们也很温和。关键时候很有主意，有很多让人意想不到的技能。虽然是个"妻管严"，但是很爱自己的老婆和孩子们。

老妈

- **年龄**：35 岁
- **职业**：业务主管
- **性格**：爱美达人，天真善良，热心勤劳，是温柔如水还是暴跳如雷，全凭叮叮当当兄妹的表现

她的故事：老妈是个美人，很有生活情调。她经常主动帮助需要帮助的人，有时候却弄巧成拙，把事情弄糟，令人尴尬。一般情况下她都很温柔，但被叮叮当当兄妹气坏了时，就会暴露出另一面。

目录

bì

铋

出淤泥而不染的重金属

呼……

奥特！你看看我们。

看我画的靓妆美不美？

看我画的仙女妆怎么样？

有、有……鬼啊！

轰隆

谁家大白天的放炮呢？

大白天的家里闹鬼啊！

防御模式启动中

哎哟喂……

叮叮当当，你们是不是乱动我的化妆品啦？

明天，我们班都要表演节目，所以提前给自己化化妆！

化妆？

太好啦！

这样啊，那老妈来教你们如何化淡妆吧。

哇哦！

哇哦！

这得有几百个小瓶子吧，都是化妆品吗？

我也不太明白……

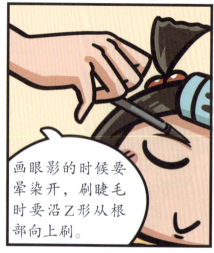

画眼影的时候要晕染开，刷睫毛时要沿Z形从根部向上刷。

哇，好漂亮的睫毛和眼影啊！

好厉害啊！眼睛一下就亮晶晶的了！

奥特！快扫描一下其中的奥秘！

喂！你俩绅士点行不行！

收到！

我知道了，这些亮闪闪的效果都是铋的功劳！

每次变固态，衣服都会被撑破！

铋从液态凝固成固态，体积会变大。

古代，人们把铋和铅、锡混为一谈，印加人会把铋和锡混合，冶炼成成铋青铜，制成小刀。

青铜小刀

铋是一种呈银白色到粉红色的金属，它的英文名来自德语"白色物质"。它很脆，很容易碎。

在元素周期表上，铋的周围都是有毒重金属，而它却没有毒。很多铋化合物的毒性甚至比食盐还低，这在重金属里可是独一份！

还真就数你没毒。

绿色铋元素

快穿越，带我们去看看神奇的铋元素吧！

这点知识在家做实验就够了，用不着穿越。

扫兴……

我们把铋放到盘里进行加热。

铋在高温下缩小了，逐渐化成液体。

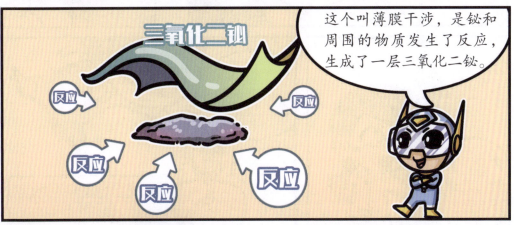

同时，它还是反磁性材料，被用于制造速度能达到400千米每小时的磁悬浮列车！

磁悬浮列车

加工与治疗

还能用作冶金的添加剂，以及治疗胃病！

噼里　啪啦

铋还有一桩大案呢！

英国伦敦

轰隆！

别挡道啊！让我进去！

汤姆给我占个座！

别挤啊！

保险器

铋和铝、锡、镉、铟组成低熔点合金，常用来生产电器。

电子元件

保险器、电子元件、自动装置，以及易熔合金洒水喷头等都要用到铋。

自动装置

最常见的天花板消防洒水喷头的材质就含有铋。

叮叮家

铋真的好厉害啊！

护胃能手

□ 原子序数：83

Bi

铋

■ 家族：氮族元素

■ 常温状态：固态

■ 颜色：银白色至粉红色

好厉害的科学家

■ 人们在古代就知道了铋的存在，但经常把它与锡或铅搞混。

■ 1556年，德国学者阿格里科拉指出，铋是一种独特的金属。

■ 1757年，法国化学家若弗鲁瓦证明了铋是一种与铅和锡不同的元素。

■ 2003年，法国研究人员证实铋具有微弱的放射性。

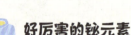
好厉害的铋元素

药品

有珍珠光泽的塑料

便携式冷藏箱

好厉害的小知识

铋是人类最早发现的10种金属之一。人们以前以为铋是稳定元素，不会衰变。后来发现它其实是一种放射性元素，不过放射性极其微弱，对人无害。

南美洲的印加人把它添加到青铜中，使武器变得更加坚固，古埃及人还在化妆品中加入铋矿物，使其闪闪发光。

lái

铼

最后一个被发现的元素

放假偶尔开车兜兜风也不错!

宽阔的马路,美丽的风景。

哈哈!

啦啦啦!俺的爱!

就是车里有一点点的小吵闹。

坏了！也不知道附近有没有加油站。

老爸快看！前面是不是有一座加油站啊？

哇！真的有一个加油站。

加油站

太好了！我们赶快开进去加油吧。

轰

轰

先生您好，请您熄火加油。

哇！这就是人类的加油站吗？看起来好有趣啊。

奥特，你注意到每台加油机上的数字没？

哦？我看看。

真的呀，加油站里每台加油机器上都写着92、95、98号。

为什么要编号？号越大越好吗？

肯定是数字越大，油的质量越好啊！我们要加98号！

当然不是啦。小朋友，数字和质量没有关系的！

啊？

啊？

那为什么要用数字区分呢？

？？？

是啊，为什么油品要用号码来区分呢？为什么？

谁说光会数数就能当加油员啦！居然被一个孩子给问住了！

让我看看其中的奥秘。启动扫描！

太丢人啦！

哈哈，我知道油品编号的原理了。还有一个元素跟这些息息相关！

铼

这个神奇元素就是——铼！

铼非常耐磨耐腐蚀，不管是酸、碱还是王水，它都不怕。

盐酸

硫酸

硝酸

铼的熔点仅次于钨和碳。

烫死了！

没啥感觉啊。

铼很稀有，又经常和其他金属伴生，所以导致其迟迟没有被发现，是存在于自然界中最晚被发现的元素。

我还没上车！

发现铼的化学家是德国人，因此给它取的名字来自拉丁语"Rhenus"，意为"莱茵河"。

走！带你们穿越去看看铼的其他用处！

站住！不许玩了！

啊？

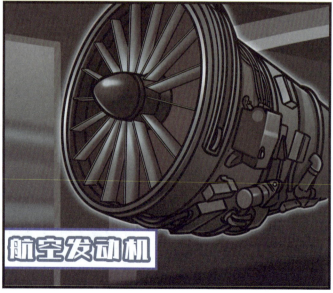

说了半天，那它和汽油又有什么关系？

这个关系啊，要先从汽车发动机说起！

首先……汽油的标号是根据辛烷值区分的……

哇！好香的气味啊！

喂！奥特你干吗讲一半就跑了！

好香啊！

哇，原来是烤肠的香味啊！

嘿嘿，吃一根休息下嘛。

你先把汽油和铼的关系说完好不好！

这就不得不提到一个关键词"辛烷值"。

辛烷值

汽油的标号是根据辛烷值区分的。

辛烷值是指抵抗爆震的指标。

汽油在使用的过程中，其一些物质会蒸发膨胀。

这些物质会使汽车的压力升高，引发爆炸，或者对发动机造成损害。

我来帮你们冷静下!

人们在汽油中加入铼—铂催化剂,进而降低沸点,减少对发动机的损伤。

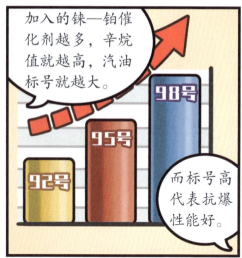

加入的铼—铂催化剂越多,辛烷值就越高,汽油标号就越大。

98号

95号

92号

而标号高代表抗爆性能好。

嘿!说来说去,还是标号高的更好。

哎呀,叮叮你还是没明白,当然不是越高越好!

嗯?

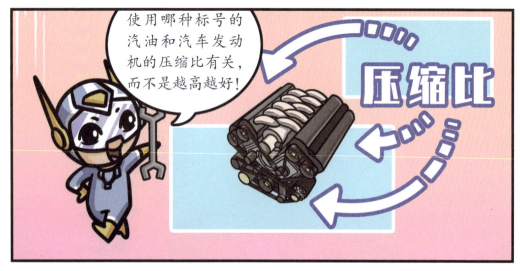

使用哪种标号的汽油和汽车发动机的压缩比有关,而不是越高越好!

压缩比

身价高昂，用途高精尖

□ 原子序数：75

Re

铼

■ 家族：过渡金属元素

■ 常温状态：固态

■ 颜色：银白色

好厉害的科学家

■ 19世纪末，俄国化学家门捷列夫发布元素周期表时，曾预言过铼的存在。

■ 1925年，德国化学家诺达克夫妇和伯格探测到了铼元素。

■ 1928年，诺达克夫妇和伯格提取出了铼元素。

好厉害的铼元素

X射线管

钨铼热电偶

航空发动机叶片

好厉害的小知识

铼是人类发现的最后一个稳定的非放射性元素，比钻石还要难以取得，所以价格非常昂贵。它在军事战略上十分重要，主要用于制造喷射引擎的高温合金部件。

铼在地球地壳中的含量比所有的稀土元素都少，仅仅多于镁和镭这些元素。

dì

碲

消失的城市

碲虽然是非金属元素，但传热、导电却很厉害，是非金属元素中金属性最强的。

哈哈，热和电我都能驾驭！

碲的英文名"Tellurium"来自拉丁语"tellus"，意思是"地球"。

碲有两种同素异形体，一种是银色很脆的晶体，有金属光泽，一种是黑色粉末。

咱俩真的是兄弟？

碲可以和有机物相容，并且是有毒的。如果孕妇不小心摄入了碲，就有可能导致胎儿畸形。

要说这个碲还挺有意思的，而且它还打了化学家的脸呢！

啊？这么有故事性吗？

长期以来，人们认为金子是最神圣的金属，觉得在常温下，金子就是个"高冷公主"，跟谁也不会有反应。

哇，"高冷公主"听起来很有派头啊。

当时的化学家一口认定金子肯定不会和碲发生反应！

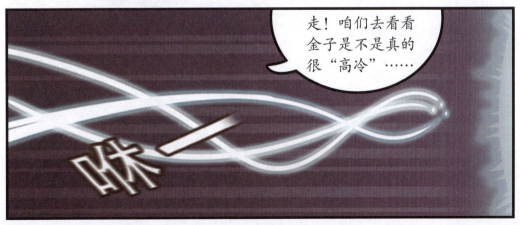

走！咱们去看看金子是不是真的很"高冷"……

澳大利亚沙漠地区

这么荒凉的地方会有什么宝藏和矿物吗？

啊？真的吗？

嘿嘿，我可是听说这片地方是有"宝藏"的。

快看！远处那个闪闪发亮的东西是什么？

难道真的发现"宝藏"了！

快挖！使劲地挖啊！！

哇！闪闪发光的！莫非是金子？

这么闪亮肯定是金子没错！

哥，你叫汉南，咱们把这块地叫汉南地咋样？

咱们马上回爱尔兰，申请汉南地的所有权！

大家伙！好消息！好消息！

大家伙！好消息！好消息！

就这样，原本荒芜的汉南地一夜间变了样。

蜂拥而至的淘金者用石头盖起了住宅，甚至还有酒馆、啤酒厂、商店等。

汉南小镇

哇！这亮晶晶的石头！我肯定也挖到金子啦！

真的吗！

各位，我发现石头里面也能凿出金子！

快快！把石头房子拆了找金子！

拆！拆！

金子在哪啊！全是石头！石头！

哇哇哇！我的房子白拆啦！

在利欲熏心下，一座小城就这样荒废了。

奇怪？明明发现的是金子，为什么都变成石头了呢？

"跑腿" 我比 "光" 还快

□ 原子序数：52

Te
碲

- 家族：氧族元素

- 常温状态：固态

- 颜色：银白色

好厉害的科学家

■ 1782年，德国矿物学家赖兴施泰因在金矿石中发现了碲，通过实验确定了它的密度和一些化学性质，但是无法把它识别出来。

■ 1798年，德国化学家克拉普罗特从碲金矿中把碲分离了出来，并且给它命名。

好厉害的碲元素

红色玻璃

可重写光盘

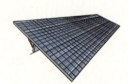
碲化镉发电玻璃

好厉害的小知识

碲在地壳中的含量非常稀少，是地球上最稀少的10种元素之一。碲可以用于制造光导纤维，这种纤维传送大容量信息的速度比铜缆快得多。

yī

铱

恐龙灭绝的元凶？

叮叮，你们要在野外睡大觉吗？

我们在等着看流星呢！

流星？

是啊，新闻上说今晚会有狮子座流星雨。

流星雨！太好了！

奥特！你这么喜欢流星吗？

对啊，这样一来就会有很多铱来到地球上了。

铱？

铱是地球地壳中最稀有的元素之一，相比之下，铱在陨石里的含量则高很多。科学家相信，铱在整个地球的含量比在地壳中的含量高很多，但由于它密度高，而且具有亲铁性，所以在地球仍处于熔融状态时，就已经沉到地球的内核了。

铱是银白色的金属，它的氧化水合物从溶液中析出时，颜色时青时紫，时深蓝时黑色，像彩虹一般，所以化学家用"彩虹女神鸢尾花"的名字命名了它。

鸢尾花

铱是第二重的元素，它只比锇的密度低一点。

化学家在用王水溶解铂矿的时候，发现有残渣，这才发现了铱。

嘿嘿！厉害吧。

由铂和铱制造的"国际千克原器"依然保存在法国巴黎的国际度量衡局。这是仅存的国际单位制人工制品。

因为铱非常稳定，"国际米原器"就是用90%~100%的铱制造的。直到1960年才被氪的波长代替。

国际千克原器

为什么流星雨就有铱呢？

它大多存在于掉落在地球上的陨石中。而且，现在地球上的铱，也是它们带来的。

最最重要的是，你们最爱的恐龙也是因为铱灭绝的！

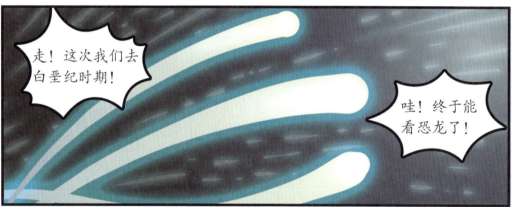

是霸王龙啊，好威猛！

翼龙，是翼龙！

哇！我要去摸摸恐龙。

不行！

这可不是参观动物园！贸然接近恐龙可是很危险的！

啊？天上是什么啊！

老哥！奥特！你们快看天上啊！

啊？

稳定的稀有金属

□ 原子序数：77

Ir

铱

- 家族：过渡金属元素
- 常温状态：固态
- 颜色：银白色

好厉害的科学家

- 1803年，英国化学家史密森·特南特在铂矿石的杂质中发现了铱元素。

- 1834年，美国发明家约翰·霍金斯发明了在笔尖上安装铱粒的钢笔。

- 1842年，美国化学家罗伯特·海尔首次取得高纯度的铱金属。

 好厉害的铱元素

铱坩埚　　　　铱金钢笔尖　　　使用了铱合金的火花塞

 好厉害的小知识

　　铱在地球地壳中非常稀有，储存量是金的四十分之一，自然界中会出现纯铱金属，或者铱锇合金。

　　人们在世界各地的地壳中都发现了富含铱的黏土层，比如美国南达科他州的劣地国家公园。

　　科学家认为，地球上少量的铱是由6000多万年前的陨石撞击地球产生的。

dé

锝

恒星形成时的"元老"元素

烧烤野餐开始喽！

先来杯柠檬水开开胃。

你们少喝点饮料啊，可别一会烤肉吃不下了。

嘿嘿，就快烤好了！

想不到老爸烧烤还真有一手。

那是！你们老爸我可是"烧烤达人"。

最后再来一把孜然，齐活！

也就是说，想要找到锝元素，只有在恒星形成的初始阶段才行！

原来如此，难怪它既是第一个人造元素，又是自然元素。

恒星形成的初始阶段才能找到的锝元素，当然也算自然元素啦。

人工制造

哈哈哈哈，这个人工制造的元素还真的挺有趣的！

人工制造

叮叮家

轰隆

众里寻"锝"千百度

□ 原子序数：43

Tc

锝

■ 家族：过渡金属元素

■ 常温状态：固态

■ 颜色：银灰色

 好厉害的科学家

■ 1871年，门捷列夫预言有一种化学性质与锰相似的元素，把它叫作"类锰"。

■ 1937年，意大利化学家佩里埃和意大利物理学家塞格雷证实了锝的存在。

■ 1952年，美国天文学家保罗·梅里尔发现在红巨星的光谱中有锝的光谱，这说明它可以在恒星中形成。

 好厉害的锝元素

钼锝发生器

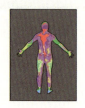

锝成像

好厉害的小知识

　　地球形成时存有的锝现在已经全部衰变，变成了其他元素。所以，要在自然界中找到锝非常困难。

　　沥青铀矿中可能含有微量的锝，核反应堆中也会产生锝，这些锝是其他元素衰变的产物。锝的同位素可以用于放射性诊断，在临床上应用广泛。

叮叮当当，你们藏好没？我要开始找了哦。

唉！老爸算了。

唉！算了吧，你是瞒不过老妈的。

？

"砹"？你们在说砹的事吗？这个砹可太有趣了！

奥特，什么有趣没趣的！没看老爸正难过吗？

我说的是砹元素。

哼，你们都看仔细了！

砹是什么颜色，有什么性质，化学家们到现在都没彻底搞清楚。

天然砹的含量只有不到30克，所以被称为"地球上最少的元素"。

砹的化学符号来源于希腊文，意思是"改变的，不确定的"。

?

砹属于卤族元素，但却是卤族元素中唯一的放射性元素。

有辐射！

这个元素怎么听起来前后矛盾啊？

既然大家不知道它长什么样，怎么知道它最稀少呢？

圣彼得堡

穿越到达！

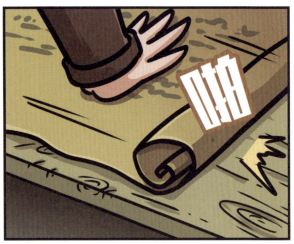

啪

嗯……这里有一种类碘元素。

门捷列夫

但是该如何证实这个未知的类碘元素呢？

还有连门捷列夫这么厉害的化学家都不知道的元素？

啊？不会吧。

但是这个85号元素到底在哪儿呢？它真的存在吗？

类碘？那是卤素啊！那要到盐类中去寻找。

于是科学家们来到了死海寻找这个"类碘"。

景色好美啊。

这就是世界上著名的死海。

所以"砹"会消失的，对不对？

□ 原子序数：85

At

砹

- 家族：卤族元素

- 常温状态：未知

- 颜色：未知

好厉害的科学家

■ 1940年，美国科学家戴尔·科尔森、肯尼斯·麦肯齐及意大利科学家埃米利奥·塞格雷成功分离出了砹元素。

 好厉害的砹元素

医疗领域（治疗肿瘤）

 好厉害的小知识

　　自然界中存在的砹非常少，是更重的元素衰变的产物。含有铀或钍的矿石中可能含有少量砹原子，但它们很快也会消失的。

　　砹的放射性极强，半衰期很短，所以很快就会衰变成其他元素，就此消失。人们很难得到足够多的砹用于研究它的各种性质。